图书在版编目（CIP）数据
丑小萤旅行记 / 付新华著 ； 冯莺， 赖振辉绘．
武汉 ： 湖北教育出版社， 2024． 9． -- （“科学点灯人”
书系）． -- ISBN 978-7-5564-6503-3
Ⅰ． Q969.48-49
中国国家版本馆 CIP 数据核字第 2024GZ1360 号

CHOU XIAO YING LUXING JI
# 丑小萤旅行记

出 品 人　方　平
总 策 划　刘　辉
策　　划　杨文婷
责任编辑　杨文婷
设计排版　黄尹佳
责任校对　李庆华
责任督印　刘牧原

出版发行　长江出版传媒　430070　武汉市雄楚大道 268 号
　　　　　湖北教育出版社　430070　武汉市雄楚大道 268 号
经　　销　新华书店
网　　址　http://www.hbedup.com

印　　刷　武汉精一佳印刷有限公司
地　　址　武汉市黄陂区滠口新十公路45号丰达产业园3栋
开　　本　889mm × 1194mm　1/16
印　　张　3
字　　数　45 千字
版　　次　2024年 9 月第 1 版
印　　次　2024年 9 月第 1 次印刷
书　　号　ISBN 978-7-5564-6503-3
定　　价　48.00 元

# 丑小萤旅行记

付新华 / 著　　冯莺　赖振辉 / 绘

长江出版传媒 | 湖北教育出版社

我是一只萤火虫。我的妈妈在我还是一粒卵的时候就离开了。除了妈妈的声音，我对外面的世界一无所知，只记得妈妈临走前，在我耳边反复念叨着：“孩子，我们的家园遭到了严重破坏，只有‘点亮计划’才能拯救我们的族群。记住，你要变得非常强大，才能入选点亮计划，哪怕只剩一丁点儿希望，也不要轻易放弃呀！”

虽然不太明白家族里到底发生了什么可怕的事，但我已经迫不及待地想出去见见世面了。若干天后，我用牙咬破卵壳，准备爬入水中。一伸头，一个黑黑的、丑陋的家伙出现在我面前。

**“啊——我居然有这么丑！”我要到水里找个石缝默默待一会儿。**

萤火虫的卵期一般为 20 天。幼虫孵化后爬入水中，要在水中生活 10 个月。

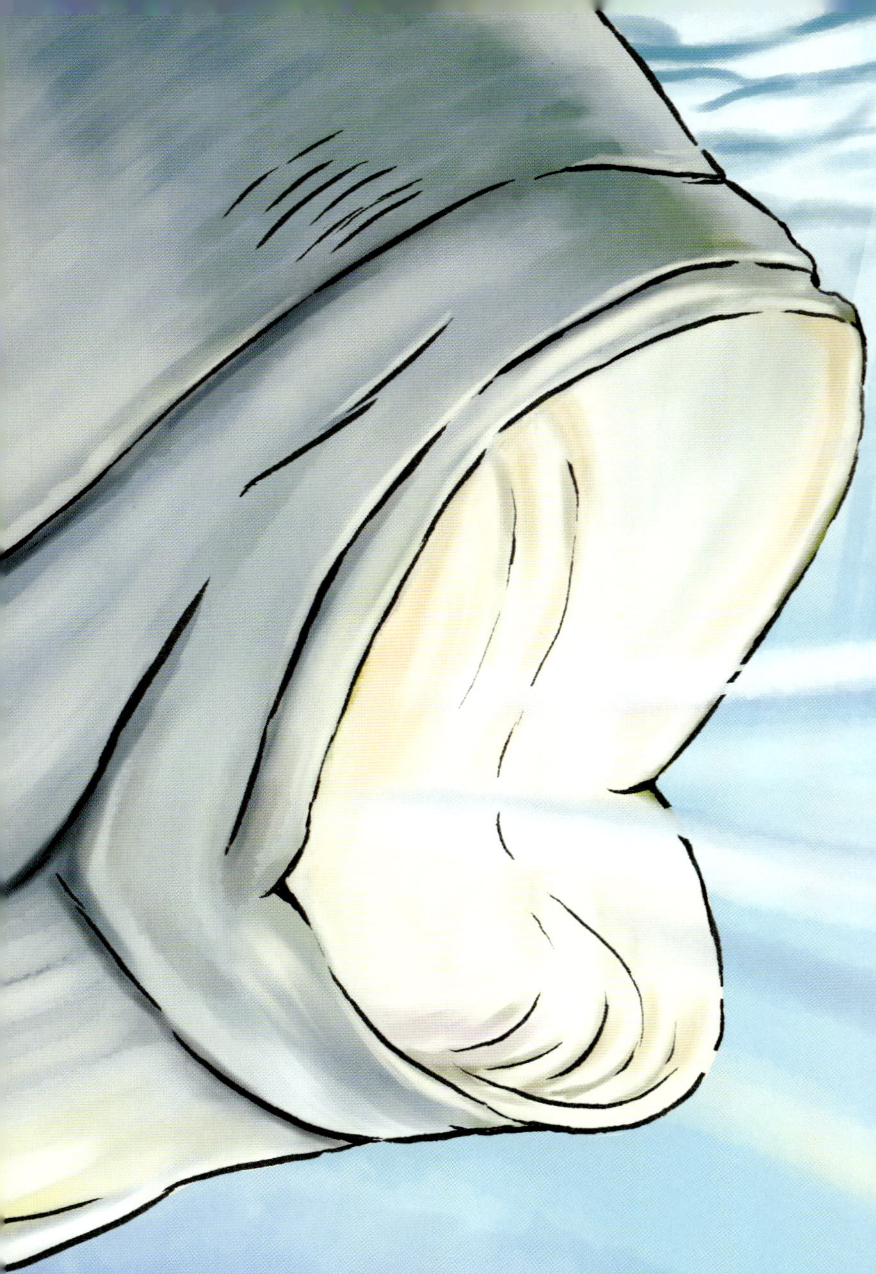

“咕噜”，几乎是一瞬间，我被一个什么东西吞了进去，眼前一片漆黑。“嗷呜， 呸！”我又被吐了出来，强烈的冲击力把我喷射得老远。“什么玩意儿，又丑又臭的东西，居然在我嘴里放屁。就你还想参加点亮计划？”一条鱼骂骂咧咧地游走了。

**“呃，我刚才很紧张，放了一个屁……”**

“哎，等等！什么是点亮计划？”还没等我问个仔细，这些“吞屁者”——小鱼就飞快地游走了。

天黑了。我饿了。石头上有许多吃着青苔的小螺，看上去十分诱人。“我给你打一针‘麻醉药’，不疼，别怕……”我轻轻咬了一只小螺一口，他就睡着了，我把他喝了，还睡在了他的房子里。

幼虫捕食的时候，利用中空的上颚刺入淡水小螺体内，同时注射毒液，将小螺杀死；随后注射消化液，将小螺消化并吸食。

一天晚上，我的身体有点儿痒，身上的皮肤裂开了。我终于脱下了这件丑陋的“衣服”。

现在的我白白的，真好看。可是不一会儿，**我怎么又变回了老样子？**黑黑的、丑丑的，我难过极了。

幼虫只有一对发光器，在尾部倒数第二节两侧。幼虫要经历 5 次蜕皮，才能变得成熟。

我给小螺们起了个外号叫“笨水牛”，他们是我喜欢吃的“牛排”。有一天，我想再捉一只“笨水牛”，他居然浮起来，在水面上仰泳着逃跑了。

“你别跑哇，我打麻醉药又不疼……”“生活告诉我们，只要不放弃，就有希望！”一个声音从四散的“牛群”中飘来。我的一顿美餐落空了，肚子饿得咕咕叫，不过，“笨水牛”的话使我想起了妈妈的嘱托。

刚孵化出来的萤火虫幼虫就会发光，但是光非常微弱。随着幼虫慢慢地长大，发光的亮度会逐渐增强。

我越长越大，依然很黑很丑，许多小动物都躲着我。尤其是在黑夜中，当我行走的时候，屁股会发光了，小鱼们一瞧见就绕着我游走了。

“离他远点儿，那是一只会放屁的丑小萤。”

我亲眼看见一个和我的长相非常接近的同伴，被一只威风凛凛的螃蟹用钳子夹着送进嘴里。螃蟹轻蔑地冷笑着说，屁对他一点儿用都没有，看来这个“武器”还不够强大。一个同伴就这样消失了，我吓得赶紧跑了。**以后再见到横行霸道的“冷血将军”，我要离他远一点儿。**

在水下，我认识了亲戚付氏萤。付氏萤喜欢悠闲地仰泳，而我练的是水底爬行功，最后我爬得比他游得还快。他的潜水能力一流，可我不羡慕他，因为我一直在潜水。付氏萤也听说过点亮计划，却不准备参加，他下来看我的时候告诉我，**这项计划只有最优秀的萤火虫才能入选，需要付出极大的努力。**

听了付氏萤的话，我觉得自己离“最优秀的萤火虫”还差得很远，得尽快变得强壮起来。我打算上岸换换口味，补充点儿营养。唉，想到今后还不知会遇上什么困难，**突然觉得有点儿困了，上了岸就先睡一觉吧。**

哎哎，怎么一下子聚集了这么多的蚂蚁？这些“搬运工”真是不知疲倦，他们要把所有能吃的东西都搬到家里去，还说，参加任何选拔都需要拥有大力士般的力气。可是别把我也抬走吃掉哇！我慌张地对着他们放了个屁，又用远光灯使劲儿照他们，他们才跑了。

萤火虫幼虫在陆地上寻找洞穴进行化蛹时非常敏感，很容易采取防卫行为。它们防卫时，身体两侧会翻出多条翻缩腺体，释放难闻的气味，同时发光器发光。

终于找到一个好的洞穴，不大不小，正合适。我倒退着，一步步小心地爬进去。

“窗户”太亮了，我得给它糊上。我想做一个透气又遮阳的天窗。我从洞穴的四周咬下一些土，然后吐点儿口水混合，**作为一只萤火虫，我对自己的建筑本领感到惊讶。**

花了两天时间，天窗终于做好了。我可以睡一觉了。梦里，妈妈告诉我要加油，点亮计划就快开始了。

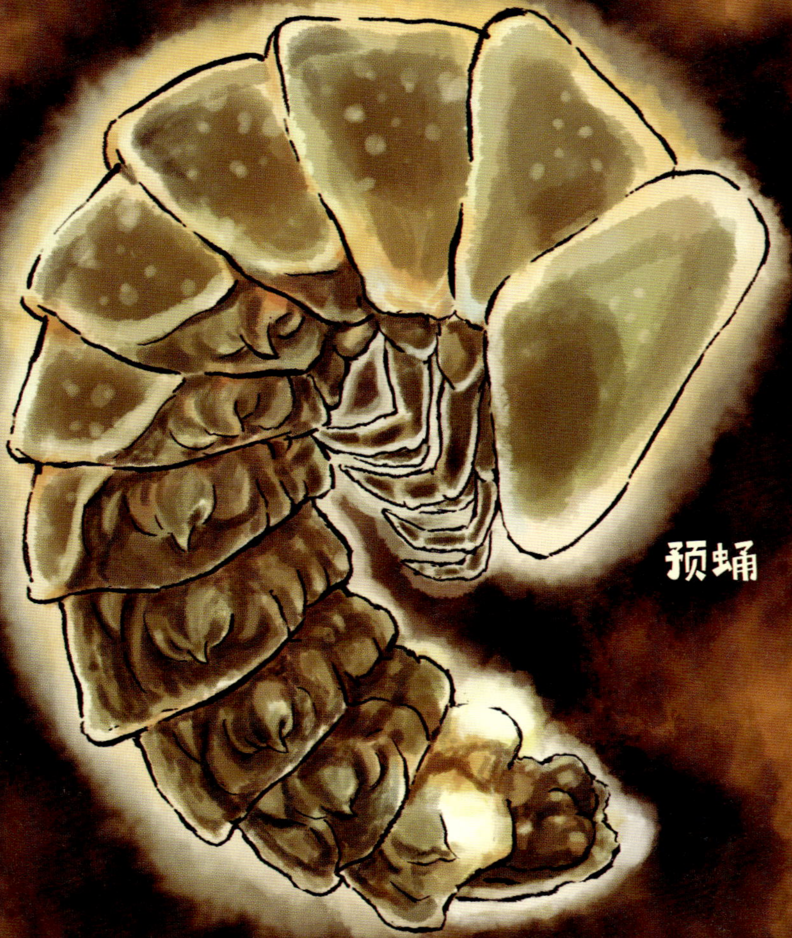

预蛹

蛹第 1 天

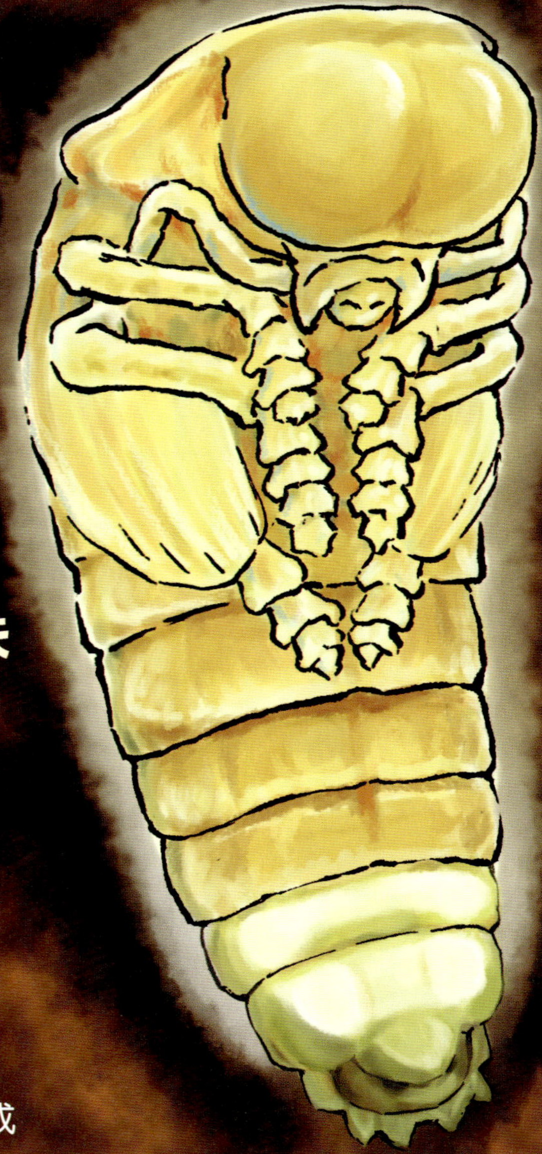

迷迷糊糊中，我的衣服破了。咦？我的手脚动不了了。我怎么变成这个样子了？我变白了，好像还变得漂亮了一些。

蛹第3天

蛹第5天

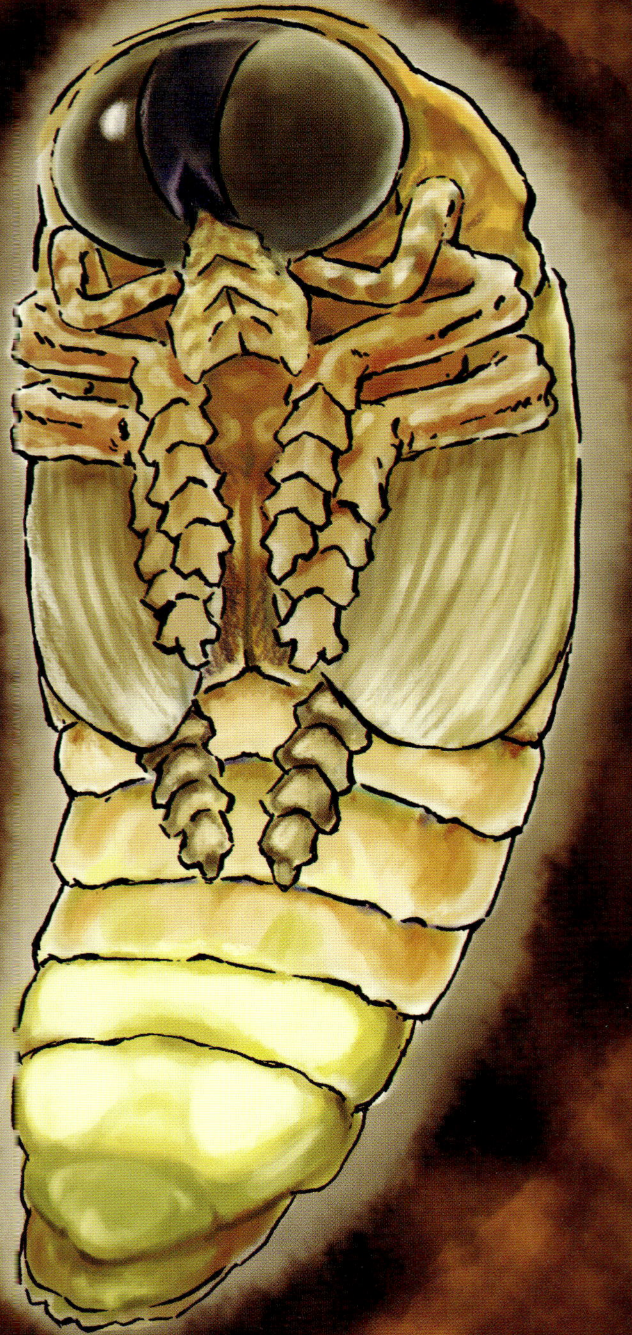

过了几天，我的衣服变黄了一些，头也大了好多，头上和背上好像还多了一些东西。等等，我发的光好像亮多了！

**难道这就是点亮计划吗？**

又过了几天，原来的衣服又破了，我换上了一身更新的衣服。我变得帅气了，还有了一对翅膀！太棒了！

我尝试着扇动了一下，身体突然腾空一大截，我兴奋地继续练习，忽高忽低、忽左忽右，一闪一闪地飞舞着，越来越自如。我可以在夜空里自由地翱翔了，星星好像都是我的亲人！

飞行的夜晚，我总感觉头顶上方有一对很亮的眼睛在盯着我，原来是一只猫头鹰。他的视力非常出色，身手也很敏捷。**他说飞行者必须要有个好身体，尤其是胃口要好。**

他想教我抓老鼠，可我更想吃甜食。我找到了一种香香的花，吸食可口的花蜜，飞累了就睡在里面。

猫头鹰的头部能旋转大约 270° ，所以它们无须转动身体就可以轻松地看到身后。猫头鹰是夜行动物，在弱光下的视力非常好。它们是远视眼，无法清楚地看到眼睛周围几厘米内的东西。

蜜蜂是社会性高度发达的昆虫，个体间的信息交流方式十分先进，主要有舞蹈、语言和外激素等。工蜂的后足特化成携粉足：胫节宽扁、表面光滑，侧缘有长毛，构成携带花粉的“花粉篮”；第一跗节长而扁大，内面有横列的硬毛，用于梳刷黏附在体毛上的花粉，称为“花粉刷”。这种结构使得工蜂能够有效地收集和携带花粉，对植物的传粉过程起到重要作用。

嗡嗡嗡，早起的蜜蜂总是把我吵醒，他们钻进花朵里，将大把花粉塞进腿上的袋子中。这些不怕脏的“勤劳者”反复吞吐，用口水混合酿蜜，喂养自己和同伴，同时也被黑熊和人类所称赞。**他们说，要想不迷失方向，就要具备辨认太阳方位的能力，**便匆匆地飞走了。可我白天需要休息，这样晚上才有精力飞行，我学会了辨认月亮和星星的方位。

旅行途中，我结交了拥有绚丽衣裳的蝴蝶。她热情地邀我跳舞，我却怕阳光。**她说，要想飞得优雅，需要柔韧、轻盈的身体。**我觉得她说得很有道理，我晚上点着灯去看她，想再请教一些飞行技巧，她却睡着了。

蝴蝶一般在日间活动。它们翅膀的色彩比蛾类要艳丽得多，成虫通常靠鲜艳的翅斑和飞行来求偶。蝴蝶幼虫多为植食性，成虫用卷曲的喙来吸食花蜜。

我飞累了休息的时候，经常碰见蹦跶着跳来跳去的“大门牙”蚂蚱。

**他说长途旅行需要超强的弹跳力，要教我跳远。**

我扇着翅膀跳了跳。“大门牙”摸着粗壮的大腿说，不算数，不能用翅膀。

蚂蚱，一般指蝗科昆虫。它们后足的腿节非常发达，含有弹性蛋白，善于跳跃；被捕食时，强有力的腿节和长有排刺的胫节相配合，能反击捕食者。大型棉蝗甚至有“蹬倒山”的绰号。蚂蚱为植食性，能迅速啃光农作物，危害较大。飞蝗可进行长距离迁飞，铺天盖地，对农作物造成毁灭性的破坏。

最近有点儿不开心，人类的庄稼和蔬菜被破坏了，说是萤火虫干的。虽然夜晚我常在那里逛，但我不啃叶子。叶子不利于肠胃消化。我以前喜欢吃肉，现在喜欢吃甜食。

那些躲藏在庄稼、蔬菜背后的家伙是令人讨厌的叶甲，他们装得再像也不会发光！**他们却满不在乎地说，要想生存下来，有时候就是要模拟其他动物。**

叶甲体色多样，有的黄色，有的黑色，有的呈金属色泽。成虫和幼虫均为植食性，取食植物的根、茎、叶、花等。有些叶甲是重要害虫。

白天路过水边，我会去照照镜子，大家不再躲着我了，甚至还有水黾（mǐn）邀请我做水上运动。他们可以在水面上站立、滑行甚至跳跃，从来不沉下去。我给他们起了个外号叫“水上漂”。**他们说，学会在水上漂浮能让我的旅程更轻松，**但我不想成为他们的盘中餐。

水黾栖息于湖泊、池塘等静水水面以及溪流等流动的水面。腿上长有拒水毛，具有超疏水的结构，可以“站立”在水面上。通过腿上非常敏感的器官，它们能感受到落水昆虫的挣扎，然后迅速移动捕食，速度可超过 1 米 / 秒。

飞了这么久，我离开家已经很远了。我有点儿孤独，地面上有什么东西闪烁着光亮，我满怀期待地飞下去看，却是一滴滴露珠。“我的同伴在哪里？”我失望地自言自语。**草丛里的“多脚怪”蜈蚣钻了出来，想给我一个大大的拥抱，**我婉拒了他。

蜈蚣身体扁长，每一节都有一对足，第一对足特化成中空的毒牙。它们擅长钻缝隙，依靠发达的触觉，捕食昆虫、蚯蚓等小型生物。蜈蚣具有典型的“护卵”行为，雌性蜈蚣产完卵后，用步足把卵粒聚成团，抱在怀中孵化 。

有天夜里，天上出现一群蝙蝠，我很奇怪他们准确无误地吃到了许多蛾子，没准儿这些“盲眼小丑”说服了蛾子。**他们得意地说，与会飞的昆虫打交道，需要语言的魅力。**

蝙蝠发出人耳听不见的超声波，对空中的猎物进行回声定位，从而精准地捕食。

我的肺活量变大了，夜晚的时候，“远光灯”可以照得更远了。有一天，我终于在树枝上发现了我的同伴，当我靠近他，他却让我走开。原来，外号“裁缝”的蜘蛛给他穿上了银色的网衫，使他动弹不得。我为不能救他而感到内疚，奄奄一息的他用最后一丝力气冲我大喊，别管我，快走！加入点亮计划，救大家！

蜘蛛有八条腿，多为捕食者。结网的蜘蛛虽然视力不好，却可以依靠蛛网和敏锐的触觉进行捕食。科学家发现，许多种结网蜘蛛都有操纵、诱捕雄性萤火虫的行为，例如大腹园蛛面对触网的雄性边褐端黑萤，会用蛛丝缠绕并对其注射微量的毒素，随后便躲藏在网的边缘。雄性边褐端黑萤原本利用两节发光器飞行，发出多脉冲的雄性求偶闪光信号，但被蜘蛛操纵后，仅利用一节发光器闪光，模拟出单脉冲的雌性求偶闪光信号，从而吸引了更多在空中求偶的雄萤前来，结果纷纷触网，沦为大腹园蛛的猎物。科学家认为，这是一种普遍存在的蜘蛛诱捕行为策略。

我赶紧飞走了，到处飞着去寻找点亮计划。可是点亮计划到底在哪里？我找得好辛苦。我好累。我是不是再也参加不了点亮计划了？我趴在一片小草叶子上，任雨水拍打着身体，光芒越来越微弱。

萤火虫成虫的寿命一般是7~10天。

“从哪里来，就到哪里去。”猫头鹰睁着眼睛对我说。“**我从哪里来？我要去哪里？**”我陷入沉思。

我打起精神，换了个方向飞呀，飞呀，飞到一处水边，**我认出了那里，那是我出生的地方！**我发现了许多闪亮的光点。我有好多同伴啦！他们告诉我，参加点亮计划需要更亮的闪光，于是，我每天晚上都努力地发着光，越来越亮。

我喜欢上了一位可爱的女士，她也喜欢我。我们有着相同的心愿：为萤火虫家族的未来而努力！天上和草丛中闪烁着动人的光。

日落后，雄萤飞上天空，发出自己特有的展示性飞行求偶信号，吸引雌萤的注意。雌萤在草丛或草尖发出缓慢的求偶闪光信号，吸引雄萤。雄萤发现雌萤后，会降落在其旁边进行求偶。通常会有多只雄萤竞争1只雌萤。

一天晚上，当我们奋力地点亮四周时，草丛里传来窸窸窣窣的脚步声。随着越来越近的声响，一张脸清晰地出现在我眼前：是一个戴红色头灯的人类！他像在寻找什么，突然盯上了我们俩，没等我反应过来，就用网子将我们轻轻套住了。回来的这段日子，我已经听说了家族的故事，都是因为人类活动，我们萤火虫才落得这样艰难的处境！我们是家族仅剩的希望了！我在网子里四处乱撞，想挣脱出去，可无论飞多高，始终无法回到空中。我渐渐感到绝望，放弃了挣扎，随着人类一摆一摆的网子，远离了家乡。

没多久，我们被丢进了一个笼子。我吃惊地发现，竟然还有许多对和我们一样的萤火虫被关在不同的隔层，每一层都铺着苔藓。

正在奇怪中，我突然听见穿白大褂的人说起“点亮计划”四个字！我屏住呼吸，听他们交谈，原来这里是他们的实验室。他们选中了一批最优秀的萤火虫进行繁殖，然后释放到没有污染的萤火虫保护区里，这样我们的家族就可以自由自在、不受威胁地生活了。

**我激动极了，我入选了点亮计划！**

科研人员通常会放入多对雌雄萤进行繁殖，数量在 10 对以上，有时甚至达到上百对。

几天后，笼子里的苔藓中有了我们许许多多的卵宝宝。

雌萤产卵后，1~2 天就会死亡。

我们被释放在了一处清澈的小溪边，这儿比我们从前的家更美丽，无数家族成员的亮光此起彼伏地闪烁着，照亮了一方夜空……

# 丑小萤的朋友圈

主人公：丑小萤

家族：鞘翅目熠萤亚科水萤属

武器属性：放屁、发光

飞行技能：大概能飞 3 米高、500 米远

幼虫形态特征：黑、丑、怪

生活特点：水生、爬行

幼虫食物：淡水小螺

**丑小萤**

我要变得非常强大，去加入点亮计划啦！

河边杂草地

♡ 付氏萤，蝴蝶，猫头鹰，蚂蚱，蜜蜂

付氏萤：我也会发光哟！

蝴蝶：我可以教你跳舞。

猫头鹰：从哪里来，就到哪里去。

蝙蝠：快长大吧！我好美餐一顿！

成虫形态特征：甲虫特征、可以飞行，闪光而美丽，失去放屁能力

突出特点：四个生长阶段都发光，以成虫发光最美

成虫食物：水、花蜜、果汁等液体

栖息地：稻田、缓慢流动的小溪

## 潜在的幼虫捕食者

**蚂蚁**

膜翅目昆虫，外号“搬运工”，什么吃的都往家里搬。有时候也试图把我搬回他们家，幸亏被我的屁和发光吓跑了。

**小鱼（水生）**

脊椎动物，鲫属鱼类。外号“吞屁者”，将我吞进嘴里后，通常被我的臭屁熏得呕吐而把我吐出。

## 幼虫捕食者

**螃蟹（水生）**

甲壳纲节肢动物，外号“冷血将军”，不为屁所动。

## 食物

**小螺（水生）**

腹足纲动物，萝卜螺，外号“笨水牛”。吃青苔。

## 朋友

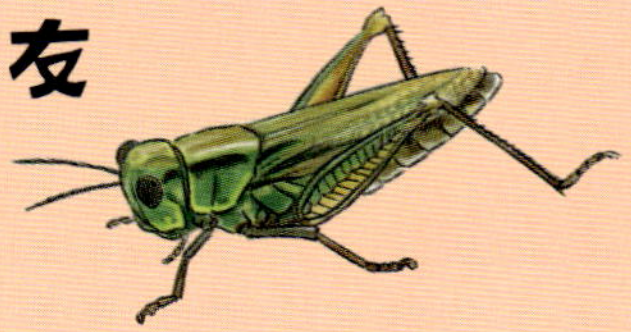

**蚂蚱**

一般指蝗科昆虫。外号“蹦跶”。

**蝴蝶**

鳞翅目昆虫，可以在阳光的沐浴下翩翩起舞。我却只能黑夜潜行，我俩常常错过。

**蜜蜂**

膜翅目昆虫，外号“勤劳者”，酿蜜给自己和别人分享。著名的传粉昆虫，可以提高农作物的产量及果实的结实率，是重要的益虫。

**猫头鹰**

鸮（xiāo）形目鸟类，眼睛大大的、亮晶晶的，但不如我的光亮。

## 成虫捕食者

**蝙蝠**

哺乳纲动物，“小丑”，像会飞的老鼠。

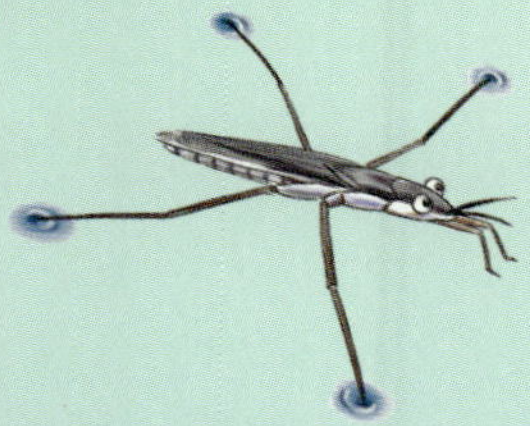

**水黾（水生）**

半翅目黾蝽科昆虫，外号“水上漂”，在水上跑得飞快。

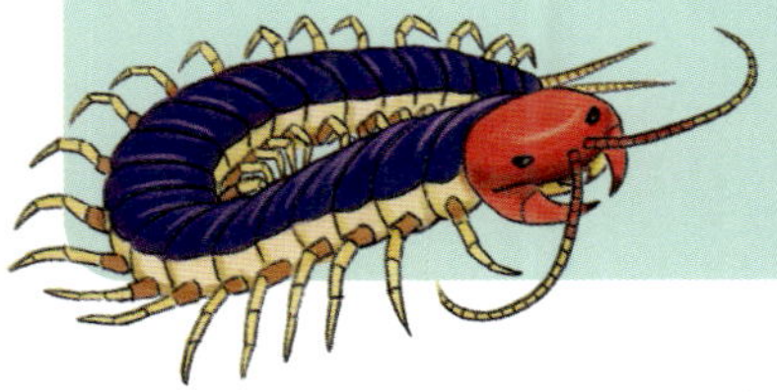

**蜈蚣**

唇足纲节肢动物，外号“多脚怪”，怕怕呀！

**蜘蛛**

蛛形纲节肢动物，阴险的“蛛夫人”，死在她手里的我的同类不知有多少。

## 讨厌的家伙

**叶甲**

鞘翅目昆虫。它们在农民的田里吃庄稼，碰巧我们晚上在田里飞来飞去，农民还以为是我们干的呢，害得我们背锅。我们不吃素，我们是吃荤的！

## 同类

**付氏萤（水生）**

鞘翅目熠萤亚科仰泳萤属昆虫，游泳“笨将”，游泳速度极慢，但潜水本领很高，喜欢仰泳。

# 萤火虫小百科

## 萤火虫生活在哪里？

萤火虫生活在潮湿、温暖的区域，如森林、湖泊、小溪、瀑布、稻田等地方。通常我国南方的萤火虫种类及数量要比北方多。

## 什么时候能看到萤火虫？

萤火虫的幼虫通常躲藏在草丛中，发光比较微弱，很难被发现。成虫则喜欢发出明亮的闪光，进行求偶。在我国，3 月份就可以看到萤火虫，如四川及浙江等地的三叶虫萤在 4 月中旬进入高峰期，闪闪发光，非常壮观。10 月到 11 月，在四川、湖北及浙江等地还能见到大型的窗萤在空中飞行发光。而在海南等热带区域，常年都能看到萤火虫。

## 萤火虫现在为什么很少了？

萤火虫对环境的变化很敏感，是公认的环境指示生物。萤火虫非常怕各种污染，如光污染可以驱赶萤火虫，甚至让萤火虫无法进行闪光求偶，严重的光污染能使萤火虫种群灭绝。各种农药也会直接迅速杀死萤火虫。栖息地的改变，如河流及湖泊驳岸水泥化、栖息地的碎片化，也让萤火虫种群数量迅速下降。不良商人对萤火虫的抓捕及买卖，更是让萤火虫的生存雪上加霜。

## 什么是“萤火虫点亮计划”？

“萤火虫点亮计划”是付新华教授带领守望萤火虫研究中心开展的萤火虫保护工作，通过与生态较好的村镇进行合作，生态修复萤火虫的栖息地，人工繁育本地的萤火虫种类，扩大萤火虫种群后，再将其释放至保护地，最终使本地的萤火虫种群得到恢复及保护。付新华教授希望萤火虫栖息地一个一个地被修复，最终覆盖全国，“点亮”萤火虫，“点亮”我们的生态环境。

@寻萤者付新华
@守望萤火

付新华，教授，我国第一个从事萤火虫研究的博士。2000 年至今，从事萤火虫的生物多样性、行为及生态保护研究。任职于华中农业大学植物科学技术学院、昆虫资源利用与害虫可持续治理湖北省重点实验室。（湖北省）守望萤火虫研究中心理事长及主任。主持过 7 项国家自然科学基金项目，发表论文 40 多篇，出版专著 1 部。破译了萤火虫发光器发育及发光的关键分子机制，发现并证实了结网蜘蛛操纵萤火虫进行诱捕的行为策略。发现并定名了雷氏萤、付氏萤、武汉萤、穹宇萤、三叶虫萤、咸宁萤、青神萤等多种萤火虫，拥有权威的萤火虫保护及自然复育的经验技术。摄影发烧友，科普作家。著有《看，萤火虫在说什么》《一只萤火虫的旅行》《萤火虫环游记》《故乡的微光》《萤火虫在中国》《水中的光亮》《又见萤火虫》《哇，萤火虫》《触手可及的星星——萤火虫观察指南》《萤火虫的故事》等 10 多部科普书籍。

## 给小读者的话

“雨打灯难灭，风吹色更明。”小朋友们，希望你们能像萤火虫一样不畏艰难、努力发光，勇敢追求自己的梦想，在生活中永远保持一颗好奇的心和勇于探索的精神。

付新华